AF328869

AETHER
UND
RELATIVITAETSTHEORIE

REDE

UITGESPROKEN BIJ DE AANVAARDING
VAN HET AMBT VAN BIJZONDER HOOGLEERAR

AAN DE

RIJKS UNIVERSITEIT TE LEIDEN

DOOR

A. EINSTEIN

BERLIN
JULIUS SPRINGER
1920

ISBN-13: 978-3- 642-64912-7   e-ISBN-13: 978-3-642-64927-1

DOI: 10.1007/978-3-642-64927-1

Wie kommen die Physiker dazu, neben der der Abstraktion des Alltagslebens entstammenden Idee, der ponderabeln Materie, die Idee von der Existenz einer anderen Materie, des Äthers, zu setzen? Der Grund dafür liegt wohl in denjenigen Erscheinungen, welche zur Theorie der Fernkräfte Veranlassung gegeben haben, und in den Eigenschaften des Lichtes, welche zur Undulationstheorie geführt haben. Wir wollen diesen beiden Gegenständen eine kurze Betrachtung widmen.

Das nicht-physikalische Denken weiß nichts von Fernkräften. Bei dem Versuch einer kausalen Durchdringung der Erfahrungen, welche wir an den Körpern machen, scheint es zunächst keine anderen Wechselwirkungen zu geben als solche durch unmittelbare Berührung, z. B. Bewegungs-Übertragung durch Stoß, Druck und Zug, Erwärmung oder Einleitung einer Verbrennung durch eine Flamme usw. Allerdings spielt bereits in der Alltagserfahrung die Schwere, also eine Fernkraft, eine Hauptrolle. Da uns aber in der alltäglichen Erfahrung die Schwere der Körper als etwas Konstantes, an keine räumlich oder zeitlich v e r ä n d e r l i c h e Ursache Gebundenes entgegentritt, so denken wir uns im Alltagsleben zu der Schwere überhaupt keine Ursache und werden uns deshalb ihres Charakters als Fernkraft nicht bewußt. Erst durch Newtons Gravitations-Theorie wurde eine Ursache für die Schwere gesetzt, indem letztere als Fernkraft gedeutet wurde, die von Massen herrührt. Newtons Theorie bedeutet wohl den größten Schritt, den das Streben nach kausaler Verkettung der Naturerscheinungen je gemacht hat. Und doch erzeugte diese Theorie bei Newtons Zeitgenossen lebhaftes Unbehagen, weil sie mit dem aus der sonstigen Erfahrung fließenden Prinzip in Widerspruch zu treten schien, daß es nur Wechselwirkung durch Berührung, nicht aber durch unvermittelte Fernwirkung gebe.

Der menschliche Erkenntnistrieb erträgt einen solchen Dualismus nur mit Widerstreben. Wie konnte man die Einheitlichkeit der Auffassung von den Naturkräften retten? Entweder man konnte versuchen, die Kräfte, welche uns als Berührungskräfte entgegentreten, ebenfalls als Fernkräfte aufzufassen, welche sich allerdings nur bei sehr geringer Entfernung bemerkbar machen; dies war der Weg, welcher von Newtons Nachfolgern, die ganz unter dem Banne seiner Lehre standen, zumeist bevorzugt wurde. Oder aber man konnte annehmen, daß die Newtonschen Fernkräfte nur s c h e i n b a r unvermittelte Fernkräfte seien, daß sie aber in Wahrheit durch ein den Raum durchdringendes Medium übertragen würden, sei es durch Bewegungen, sei es durch elastische Deformation dieses Mediums. So führt das Streben nach Vereinheitlichung unserer Auffassung von der Natur der Kräfte zur Ätherhypothese. Allerdings brachte letztere der Gravitationstheorie und der Physik überhaupt zunächst keinen Fortschritt, so daß man sich daran gewöhnte, Newtons Kraftgesetz als nicht mehr weiter zu reduzierendes Axiom zu behandeln. Die Ätherhypothese mußte aber stets im Denken der Physiker eine Rolle spielen, wenn auch zunächst meist nur eine latente Rolle.

Als in der ersten Hälfte des 19. Jahrhunderts die weitgehende Ähnlichkeit offenbar wurde, welche zwischen den Eigenschaften des Lichtes und denen der elastischen Wellen in ponderabeln Körpern besteht, gewann die Ätherhypothese eine neue Stütze. Es schien unzweifelhaft, daß das Licht als Schwingungsvorgang eines den Weltraum erfüllenden, elastischen, trägen Mediums gedeutet werden müsse. Auch schien aus der Polarisierbarkeit des Lichtes mit Notwendigkeit hervorzugehen, daß dieses Medium — der Äther — von der Art eines festen Körpers sein müsse, weil nur in einem solchen, nicht aber in einer Flüssigkeit Transversalwellen möglich sind. Man mußte so zu der Theorie des „quasistarren" Lichtäthers kommen, dessen Teile relativ zueinander keine anderen Bewegungen auszuführen vermögen als die kleinen Deformationsbewegungen, welche den Lichtwellen entsprechen.

Diese Theorie — auch Theorie des ruhenden Lichtäthers genannt — fand ferner eine gewichtige Stütze in dem auch für die spezielle Relativitätstheorie fundamentalen Experimente von Fizeau, aus welchem man schließen mußte, daß der Lichtäther an den Bewegungen der Körper nicht teilnehme. Auch die Erscheinung der Aberration sprach für die Theorie des quasistarren Äthers.

Die Entwicklung der Elektrizitätstheorie auf dem von Maxwell und Lorentz gewiesenen Wege brachte eine ganz eigenartige und unerwartete Wendung in die Entwicklung unserer den Äther betreffenden Vorstellungen. Für Maxwell selbst war zwar der Äther noch ein Gebilde mit rein mechanischen Eigenschaften, wenn auch mit mechanischen Eigenschaften viel komplizierterer Art als die der greifbaren festen Körper. Aber weder Maxwell noch seinen Nachfolgern gelang es, ein mechanisches Modell für den Äther auszudenken, das eine befriedigende mechanische Interpretation der Maxwellschen Gesetze des elektromagnetischen Feldes geliefert hätte. Die Gesetze waren klar und einfach, die mechanischen Deutungen schwerfällig und widerspruchsvoll. Beinahe unvermerkt paßten sich die theoretischen Physiker dieser vom Standpunkte ihres mechanischen Programms recht betrübenden Sachlage an, insbesondere unter dem Einfluß der elektrodynamischen Untersuchungen von Heinrich Hertz. Während sie nämlich vordem von einer endgültigen Theorie gefordert hatten, daß sie mit Grundbegriffen auskomme, die ausschließlich der Mechanik angehören (z. B. Massendichten, Geschwindigkeiten, Deformationen, Druckkräfte), gewöhnten sie sich allmählich daran, elektrische und magnetische Feldstärken als Grundbegriffe neben den mechanischen Grundbegriffen zuzulassen, ohne für sie eine mechanische Interpretation zu fordern. So wurde allmählich die rein mechanische Naturauffassung verlassen. Diese Wandlung führte aber zu einem auf die Dauer unerträglichen Dualismus in den Grundlagen. Um ihm zu entgehen, suchte man umgekehrt die mechanischen Grundbegriffe auf die elektrischen zu reduzieren, zumal die Versuche an β-Strahlen und raschen Kathodenstrahlen das Vertrauen in die strenge Gültigkeit der mechanischen Gleichungen Newtons erschütterten.

Bei H. Hertz ist der angedeutete Dualismus noch ungemildert. Bei ihm tritt die Materie nicht nur als Trägerin von Geschwindigkeiten, kinetischer Energie und mechanischen Druckkräften, sondern auch als Trägerin von elektromagnetischen Feldern auf. Da solche Felder auch im Vakuum — d. h. im freien Äther — auftreten, so erscheint auch der Äther als Träger von elektromagnetischen Feldern. Er erscheint der ponderabeln Materie als durchaus gleichartig und nebengeordnet. Er nimmt in der Materie an den Bewegungen dieser teil und hat im leeren Raum überall eine Geschwindigkeit, derart, daß die Äthergeschwindigkeit im ganzen Raume stetig verteilt ist. Der Hertzsche Äther unterscheidet sich grundsätzlich in nichts von der (zum Teil in Äther bestehenden) ponderabeln Materie.

Die Hertzsche Theorie litt nicht nur an dem Mangel, daß sie der Materie und dem Äther einerseits mechanische, anderseits elektrische Zustände zuschrieb, die in keinem gedanklichen Zusammenhange miteinander stehen; sie widersprach auch dem Ergebnis des wichtigen Fizeauschen Versuches über die Ausbreitungsgeschwindigkeit des Lichtes in bewegten Flüssigkeiten und anderen gesicherten Erfahrungsergebnissen.

So standen die Dinge, als H. A. Lorentz eingriff. Er brachte die Theorie in Einklang mit der Erfahrung und erreichte dies durch eine wunderbare Vereinfachung der theoretischen Grundlagen. Er erzielte diesen wichtigsten Fortschritt der Elektrizitätstheorie seit Maxwell, indem er dem Äther seine mechanischen, der Materie ihre elektromagnetischen Qualitäten wegnahm. Wie im leeren Raume, so auch im Innern der materiellen Körper war ausschließlich der Äther, nicht aber die atomistisch gedachte Materie, Sitz der elektromagnetischen Felder. Die Elementarteilchen der Materie sind nach Lorentz a l l e i n fähig, Bewegungen auszuführen; ihre elektromagnetische Wirksamkeit liegt einzig darin, daß sie elektrische Ladungen tragen. So gelang es Lorentz, alles elektromagnetische Geschehen auf die Maxwellschen Vakuum-Feldgleichungen zu reduzieren.

Was die mechanische Natur des Lorentzschen Äthers anlangt, so kann man etwas scherzhaft von ihm sagen, daß Unbeweglichkeit die einzige mechanische Eigenschaft sei, die ihm H. A. Lorentz noch gelassen hat. Man kann hinzufügen, daß die ganze Änderung der Ätherauffassung, welche die spezielle Relativitätstheorie brachte, darin bestand, daß sie dem Äther seine letzte mechanische Qualität, nämlich die Unbeweglichkeit, wegnahm. Wie dies zu verstehen ist, soll gleich dargelegt werden.

Der Raum-Zeittheorie und Kinematik der speziellen

Relativitätstheorie hat die Maxwell-Lorentzsche Theorie des elektromagnetischen Feldes als Modell gedient. Diese Theorie genügt daher den Bedingungen der speziellen Relativitätstheorie; sie erhält aber, von letzterer aus betrachtet, ein neuartiges Aussehen. Sei nämlich K ein Koordinatensystem, relativ zu welchem der Lorentzsche Äther in Ruhe ist, so gelten die Maxwell-Lorentzschen Gleichungen zunächst in bezug auf K. Nach der speziellen Relativitätstheorie gelten aber dieselben Gleichungen in ganz ungeändertem Sinne auch in bezug auf jedes neue Koordinatensystem K^1, welches in bezug auf K in gleichförmiger Translationsbewegung ist. Es entsteht nun die bange Frage: Warum soll ich das System K, welchem die Systeme K^1 physikalisch vollkommen gleichwertig sind, in der Theorie vor letzterem durch die Annahme auszeichnen, daß der Äther relativ zu ihm ruhe? Eine solche Asymmetrie des theoretischen Gebäudes, dem keine Asymmetrie des Systems der Erfahrungen entspricht, ist für den Theoretiker unerträglich. Es scheint mir die physikalische Gleichwertigkeit von K und K^1 mit der Annahme, daß der Äther relativ zu K ruhe, relativ zu K^1 aber bewegt sei, zwar nicht vom logischen Standpunkte geradezu unrichtig, aber doch unannehmbar.

Der nächstliegende Standpunkt, den man dieser Sachlage gegenüber einnehmen konnte, schien der folgende zu sein. Der Äther existiert überhaupt nicht. Die elektromagnetischen Felder sind nicht Zustände eines Mediums, sondern selbständige Realitäten, die auf nichts anderes zurückzuführen sind und die an keinen Träger gebunden sind, genau wie die Atome der ponderabeln Materie. Diese Auffassung liegt um so näher, weil gemäß der Lorentzschen Theorie die elektromagnetische Strahlung Impuls und Energie mit sich führt wie die ponderable Materie, und weil

Materie und Strahlung nach der speziellen Relativitätstheorie beide nur besondere Formen verteilter Energie sind, indem ponderable Masse ihre Sonderstellung verliert und nur als besondere Form der Energie erscheint.

Indessen lehrt ein genaueres Nachdenken, daß diese Leugnung des Äthers nicht notwendig durch das spezielle Relativitätsprinzip gefordert wird. Man kann die Existenz eines Äthers annehmen; nur muß man darauf verzichten, ihm einen bestimmten Bewegungszustand zuzuschreiben, d. h. man muß ihm durch Abstraktion das letzte mechanische Merkmal nehmen, welches ihm Lorentz noch gelassen hatte. Später werden wir sehen, daß diese Auffassungsweise, deren gedankliche Möglichkeit ich sogleich durch einen etwas hinkenden Vergleich deutlicher zu machen suche, durch die Ergebnisse der allgemeinen Relativitätstheorie gerechtfertigt wird.

Man denke sich Wellen auf einer Wasseroberfläche. Man kann an diesem Vorgang zwei ganz verschiedene Dinge beschreiben. Man kann erstens verfolgen, wie sich die wellenförmige Grenzfläche zwischen Wasser und Luft im Laufe der Zeit ändert. Man kann aber auch — etwa mit Hilfe von kleinen schwimmenden Körpern — verfolgen, wie sich die Lage der einzelnen Wasserteilchen im Laufe der Zeit ändert. Würde es derartige schwimmende Körperchen zum Verfolgen der Bewegung der Flüssigkeitsteilchen prinzipiell nicht geben, ja würde überhaupt an dem ganzen Vorgang nichts anderes als die zeitlich veränderliche Lage des von Wasser eingenommenen Raumes sich bemerkbar machen, so hätten wir keinen Anlaß zu der Annahme, daß das Wasser aus beweglichen Teilchen bestehe. Aber wir könnten es gleichwohl als Medium bezeichnen.

Etwas Ähnliches liegt bei dem elektromagnetischen Felde vor. Man kann sich nämlich das Feld als in Kraftlinien bestehend vorstellen. Will man diese Kraftlinien sich als etwas Materielles im gewohnten Sinne deuten, so ist man versucht, die dynamischen Vorgänge als Bewegungsvorgänge dieser Kraftlinien zu deuten, derart, daß jede einzelne Kraftlinie durch die Zeit hindurch verfolgt wird. Es ist indessen wohl bekannt, daß eine solche Betrachtungsweise zu Widersprüchen führt.

Verallgemeinernd müssen wir sagen. Es lassen sich ausgedehnte physikalische Gegenstände denken, auf welche der Bewegungsbegriff keine Anwendung finden kann. Sie dürfen nicht als aus Teilchen bestehend gedacht werden, die sich einzeln durch die Zeit hindurch verfolgen lassen. In der Sprache Minkowskis drückt sich dies so aus: nicht jedes in der vierdimensionalen Welt ausgedehnte Gebilde läßt sich als aus Weltfäden zusammengesetzt auffassen. Das spezielle Relativitätsprinzip verbietet uns, den Äther als aus zeitlich verfolgbaren Teilchen bestehend anzunehmen, aber die Ätherhypothese an sich widerstreitet der speziellen Relativitätstheorie nicht. Nur muß man sich davor hüten, dem Äther einen Bewegungszustand zuzusprechen.

Allerdings erscheint die Ätherhypothese vom Standpunkte der speziellen Relativitätstheorie zunächst als eine leere Hypothese. In den elektromagnetischen Feldgleichungen treten außer den elektrischen Ladungsdichten n u r die Feldstärken auf. Der Ablauf der elektromagnetischen Vorgänge im Vakuum scheint durch jenes innere Gesetz völlig bestimmt zu sein, unbeeinflußt durch andere physikalische Größen. Die elektromagnetischen Felder erscheinen als letzte, nicht weiter zurückführbare Realitäten, und es erscheint zunächst überflüssig, ein homogenes, intropes Äthermedium zu postulieren, als dessen Zustände jene Felder aufzufassen wären.

Anderseits läßt sich aber zugunsten der Ätherhypothese ein wichtiges Argument anführen. Den Äther leugnen, bedeutet letzten Endes annehmen, daß dem leeren Raume keinerlei physikalische Eigenschaften zukommen. Mit dieser Auffassung stehen die fundamentalen Tatsachen der Mechanik nicht im Einklang. Das mechanische Verhalten eines im leeren Raume frei schwebenden körperlichen Systems hängt nämlich außer von den relativen Lagen (Abständen) und relativen Geschwindigkeiten noch von seinem Drehungszustande ab, der physikalisch nicht als ein dem System an sich zukommendes Merkmal aufgefaßt werden kann. Um die Drehung des Systems wenigstens formal als etwas Reales ansehen zu können, objektiviert Newton den Raum. Dadurch, daß er seinen absoluten Raum zu den realen Dingen rechnet, ist für ihn auch die Drehung relativ zu einem absoluten Raum etwas Reales. Newton hätte seinen absoluten Raum ebensogut „Äther" nennen können; wesentlich ist ja nur, daß neben den beobachtbaren Objekten noch ein anderes, nicht wahrnehmbares Ding als real angesehen werden muß, um die Beschleunigung bzw. die Rotation als etwas Reales ansehen zu können.

Mach suchte zwar der Notwendigkeit, etwas nicht beobachtbares Reales anzunehmen, dadurch zu entgehen, daß er in die Mechanik statt der Beschleunigung gegen den absoluten Raum eine mittlere Beschleunigung gegen die Gesamtheit der Massen der Welt zu setzen strebte. Aber ein Trägheitswiderstand gegenüber relativer Beschleunigung ferner Massen setzt unvermittelte Fernwirkung voraus. Da der moderne Physiker eine solche nicht annehmen zu dürfen glaubt, so landet er auch bei dieser Auffassung wieder beim Äther, der die Trägheitswirkungen zu vermitteln hat. Dieser Ätherbegriff, auf den die Machsche Betrachtungsweise führt, unterscheidet sich aber wesentlich vom Ätherbegriff Newtons, Fresnels und H. A. Lorentz'. Dieser Machsche Äther b e d i n g t nicht nur das Verhalten der trägen Massen, sondern w i r d in seinem Zustand a u c h b e d i n g t durch die trägen Massen.

Der Machsche Gedanke findet seine volle Entfaltung in dem Äther der allgemeinen Relativitätstheorie. Nach dieser Theorie sind die metrischen Eigenschaften des Raum-Zeit-Kontinuums in der Umgebung der einzelnen Raum-Zeitpunkte verschieden und mitbedingt durch die außerhalb des betrachteten Gebietes vorhandene Materie. Diese raum-zeitliche Veränderlichkeit der Beziehungen von Maß-stäben und Uhren zueinander, bzw. die Erkenntnis, daß der „leere Raum" in physikalischer Beziehung weder homogen noch isotrop sei, welche uns dazu zwingt, seinen Zustand durch zehn Funktionen, die Gravitationspotentiale $g_{\mu\nu}$ zu beschreiben, hat die Auffassung, daß der Raum physika-lisch leer sei, wohl endgültig beseitigt. Damit ist aber auch der Ätherbegriff wieder zu einem deutlichen Inhalt ge-kommen, freilich zu einem Inhalt, der von dem des Äthers der mechanischen Undulationstheorie des Lichtes weit ver-schieden ist. Der Äther der allgemeinen Relativitätstheorie ist ein Medium, welches selbst a l l e r mechanischen und kinematischen Eigenschaften bar ist, aber das mechanische (und elektromagnetische) Geschehen mitbestimmt.

Das prinzipiell Neuartige des Äthers der allgemeinen Relativitätstheorie gegenüber dem Lorentzschen Äther be-steht darin, daß der Zustand des ersteren an jeder Stelle be-stimmt ist durch gesetzliche Zusammenhänge mit der Ma-terie und mit dem Ätherzustande in benachbarten Stellen in Gestalt von Differentialgleichungen, während der Zu-stand des Lorentzschen Äthers bei Abwesenheit von elektro-magnetischen Feldern durch nichts außer ihm bedingt und überall der gleiche ist. Der Äther der allgemeinen Relativitätstheorie geht gedanklich dadurch in den Lorentzschen über, daß man die ihn beschreibenden Raumfunktionen durch Konstante ersetzt, indem man absieht von den seinen Zustand bedingenden Ursachen. Man kann also wohl auch sagen, daß der Äther der allgemeinen Relativitätstheorie durch Relativierung aus dem Lorentzschen Äther hervorgegangen ist.

Über die Rolle, welche der neue Äther im physikalischen Weltbilde der Zukunft zu spielen berufen ist, sind wir noch nicht im klaren. Wir wissen, daß er die metrischen Beziehungen im raum-zeitlichen Kontinuum, z. B. die Konfigurationsmöglichkeiten fester Körper sowie die Gravitationsfelder bestimmt; aber wir wissen nicht, ob er am Aufbau der die Materie konstituierenden elektrischen Elementarteilchen einen wesentlichen Anteil hat. Wir wissen auch nicht, ob seine Struktur nur in der Nähe ponderabler Massen von der Struktur des Lorentzschen wesentlich abweicht, ob die Geometrie von Räumen kosmischer Ausdehnung eine nahezu euklidische ist. Wir können aber auf Grund der relativistischen Gravitationsgleichungen behaupten, daß eine Abweichung vom euklidischen Verhalten bei Räumen von kosmischer Größenordnung dann vorhanden sein muß, wenn eine auch noch so kleine positive mittlere Dichte der Materie in der Welt existiert. In diesem Falle muß die Welt notwendig räumlich geschlossen und von endlicher Größe sein, wobei ihre Größe durch den Wert jener mittleren Dichte bestimmt wird.

Betrachten wir das Gravitationsfeld und das elektromagnetische Feld vom Standpunkt der Ätherhypothese, so besteht zwischen beiden ein bemerkenswerter prinzipieller Unterschied. Kein Raum und auch kein Teil des Raumes ohne Gravitationspotentiale; denn diese verleihen ihm seine metrischen Eigenschaften, ohne welche er überhaupt nicht gedacht werden kann. Die Existenz des Gravitationsfeldes ist an die Existenz des Raumes unmittelbar gebunden. Dagegen kann ein Raumteil sehr wohl ohne elektromagnetisches Feld gedacht werden; das elektromagnetische Feld scheint also im Gegensatz zum Gravitationsfeld gewissermaßen nur sekundär an den Äther gebunden zu sein, indem die formale Natur des elektromagnetischen Feldes durch die des Gravitationsäthers noch gar nicht bestimmt ist. Es sieht nach dem heutigen Zustande der Theorie so aus, als beruhe das elektromagnetische Feld dem Gravitationsfeld gegenüber auf einem völlig neuen formalen Motiv, als hätte die Natur den Gravitationsäther statt mit Feldern vom Typus der elektromagnetischen, ebensogut mit Feldern eines ganz anderen Typus, z. B. mit Feldern eines skalaren Potentials, ausstatten können.

Da nach unseren heutigen Auffassungen auch die Elementarteilchen der Materie ihrem Wesen nach nichts anderes sind als Verdichtungen des elektromagnetischen Feldes, so kennt unser heutiges Weltbild zwei begrifflich vollkommen voneinander getrennte, wenn auch kausal aneinander gebundene Realitäten, nämlich Gravitationsäther und elektromagnetisches Feld oder — wie man sie auch nennen könnte — Raum und Materie.

Natürlich wäre es ein großer Fortschritt, wenn es gelingen würde, das Gravitationsfeld und das elektromagnetische Feld zusammen als ein einheitliches Gebilde aufzufassen. Dann erst würde die von Faraday und Maxwell begründete Epoche der theoretischen Physik zu einem befriedigenden Abschluß kommen. Es würde dann der Gegensatz Äther — Materie verblassen und die ganze Physik zu einem ähnlich geschlossenen Gedankensystem werden wie Geometrie, Kinematik und Gravitationstheorie durch die allgemeine Relativitätstheorie. Ein überaus geistvoller Versuch in dieser Richtung ist von dem Mathematiker H. Weyl gemacht worden; doch glaube ich nicht, daß seine Theorie der Wirklichkeit gegenüber standhalten wird. Wir dürfen ferner beim Denken an die nächste Zukunft der theoretischen Physik die Möglichkeit nicht unbedingt abweisen, daß die in der Quantentheorie zusammengefaßten Tatsachen der Feldtheorie unübersteigbare Grenzen setzen könnten.

Zusammenfassend können wir sagen: Nach der allgemeinen Relativitätstheorie ist der Raum mit physikalischen Qualitäten ausgestattet; es existiert also in diesem Sinne ein Äther. Gemäß der allgemeinen Relativitätstheorie ist ein Raum ohne Äther undenkbar; denn in einem solchen gäbe es nicht nur keine Lichtfortpflanzung, sondern auch keine Existenzmöglichkeit von Maßstäben und Uhren, also auch keine räumlich-zeitlichen Entfernungen im Sinne der Physik. Dieser Äther darf aber nicht mit der für ponderable Medien charakteristischen Eigenschaft ausgestattet gedacht werden, aus durch die Zeit verfolgbaren Teilen zu bestehen; der Bewegungsbegriff darf auf ihn nicht angewendet werden.

Die Iterationen. Ein Beitrag zur Wahrscheinlichkeitstheorie. Von Prof. Dr. **L. v. Bortkiewicz** (Berlin). 1917. Preis M. 10.—

Allgemeine Erkenntnislehre. Von Prof. Dr. **Moritz Schlick,** Rostock. 1918. Preis 18.—; gebunden M. 20.40 Vorzugspreis für die Abonnenten der „Naturwissenschaft" M. 14.40, gebunden M. 16.80 (Bildet Band I der „Naturwissenschaftlichen Monographien und Lehrbücher", herausgegeben von den Herausgebern der „Naturwissenschaften".)

Über die Hypothesen, welche der Geometrie zugrunde liegen. Von **B. Riemann.** Neu herausgegeben und erläutert von H. Weyl. 1919. Preis M. 5.60

Das Problem der Entwicklung unseres Planetensystems. Eine kritische Studie. Von Dr. **Friedrich Nölke.** Zweite, völlig umgearbeitete Auflage. Mit einem Geleitwort von Dr. H. Jung, o. Professor der Mathematik an der Universität Kiel. Mit 16 Textabbildungen. 1919. Preis M. 28.—

Mondphasen, Osterrechnung und Ewiger Kalender. Von Prof. Dr. **Walther Jacobsthal.** 1917. Preis M. 2.—

Tafeln und Formeln aus Astronomie und Geodäsie für die Hand des Forschungsreisenden, Geographen, Astronomen und Geodäten. Von Dr. **Carl Wirtz,** Universitätsprofessor in Straßburg i. E. 1918. Geb. Preis M. 18.—

Die Naturwissenschaften. Wochenschrift für die Fortschritte der Naturwissenschaft, der Medizin und der Technik. Herausgegeben von Dr. **A. Berliner,** Berlin, und Prof. Dr. **A. Pütter,** Bonn.

Preis für das Vierteljahr (13 Hefte) M. 18.—

Printed in Dunstable, United Kingdom